Ampliación de la Gama de Vehículos Eléctricos al Maximizar sus Horas-Amperio.

Vinyasi, 20 de mayo de 2019

Secciones   Páginas

1. Introducción 1
2. Solución 2
3. Epílogo a la Solución ………………………………………......... 10
4. El desarrollo de una sobretensión, aka sobrecarga eléctrica 10
5. Regule las sobrecargas eléctricas oscilándolas ……………........ 11
6. Compensación de una Carga de Par 12
7. No mate el dipolo de la batería. ¡Forme uno nuevo! …................................. 13
8. No dejes que esto te suceda 13
9. La vulnerabilidad de nuestra red eléctrica al fallo es muy real ….................. 14
10. La situación se ve agravada por el sabotaje absoluto de la red 14
11. Glosario de Términos Útiles ……………………………............................... 14
12. Referencias aún no citadas en esta presentación 15
13. ¿De qué material debe estar hecha la armadura del motor? ….................... 15
14. Capturas de pantalla de esquemas diseñados para un vehículo eléctrico 15
15. Agregar una batería para reducir el voltaje en el capacitor de CC 23
16. Descarga los Archivos de Simulación .. .. .30

1. Introducción

No se necesita una fuerte presencia de voltaje para compensar la termodinámica de la alimentación de un motor. En cambio, se necesita resonancia entre todos los componentes de un circuito que sintetiza electricidad para asegurar que no haya conflictos.

http://is.gd/synesp

¿No sería bueno tener toda la energía que necesitamos? ¿Y no tiene que pagar nada de eso de forma regular como lo hacemos ahora? Solo un costo por adelantado cada vez que compramos un aparato. ¡La producción de energía necesaria para hacer funcionar nuestros aparatos puede integrarse en cada uno asegurando su independencia de una red eléctrica vulnerable!

El crédito va para: Maharishi Mahesh Yogi y la técnica de Meditación Trascendental, Eric Dollard, Jim

Ampliación de la Gama de Vehículos Eléctricos al Maximizar sus Horas-Amperio.

Murray, William Lyne, Thomas Bearden, Mark McKay, Dave Turion, Byron Brubaker, Samantha Feinberg, Joseph Newman, Thomas Commerford Martin, Nikola Tesla y Charles Proteus Steinmetz. Los hermanos Ammann de Denver, Colorado, también merecen crédito por la primera conversión conocida de un automóvil eléctrico sin batería en 1921.

2. Solución

La bobina del motor principal se desenrolla de su bobina de un motor de inducción de CA después de retirarla de la Máquina de Helados Eléctrica Nostalgia de 4 Cuartos. Cinco secciones de igual longitud de cable imantado esmaltado 30 AWG se sueldan y enrollan 2.247 vueltas alrededor de la bobina para reemplazar el devanado original. ¿Las patentes US 447921 (Tesla) y US 1008577 (Alexanderson) pueden proporcionar rotación para un motor de alta frecuencia? O, divida este devanado en un par de bobinas bifilares conectadas en paralelo con el motor.

Se supone que las dos bobinas de arranque, BA1 y BA2, son cables magnéticos esmaltados de 10 AWG. Se dejan intactos y conectados al circuito como lo muestran los distintos esquemas a lo largo de este libro.

Se puede tener más potencia para menos frecuencia si la bobina del motor principal se divide en cualquier número de devanados paralelos mayores que cinco. Tener más bobinados es similar al diseño del motor Tesla para que el motor tenga muchos bobinados paralelos en su bobina del motor principal. Olvido cuántos, pero son más de cientos, quizás miles, de devanados paralelos. También se podría agregar una tercera bobina de arranque, BA3, para mejorar la eficiencia, pero ninguna otra adición ayudará.

Se utiliza un generador de señal de función para alimentar una frecuencia de onda sinusoidal a dentro de este dispositivo de prueba. El cable negativo de la salida del generador de onda sinusoidal está conectado a tierra con un condensador, C3, entre el generador y la tierra, mientras que la salida positiva está conectada como entrada a este dispositivo. No hay carga en la salida del generador de señal. Por lo tanto, su salida máxima es de 3V a 10V, o más, antes de ingresar a la simulación. ¿Tal vez baterías podrían suministra el voltaje para los generadores? ¿Y los paneles solares podrían recargar las baterías?

El voltaje que sale del generador de onda sinusoidal y entra en el circuito no debe ser más que un voltio, o preferiblemente un micro voltio, para que algo mayor no estropee la acción dentro del circuito. La división de voltaje y dos conexiones a tierra eléctricas separadas en la entrada ayudan a preservar la amplificación de la salida del circuito al impedir la fuerte influencia del voltaje de la fuente exterior. Si el simulador encuentra algún problema en el circuito, es muy probable que la construcción del modelo también tenga un error.

La frecuencia de onda sinusoidal se establece y se ajusta a cualquier salida que se necesite en el rotor.

Este fue un buen ejercicio, ya que tuve que planear un aumento de torque, no simulado por la inclusión de una fuente de corriente, sino por una mayor resistencia en el rotor de la jaula de ardilla. Esta resistencia se establece en 288V para simular el amperaje reducido (de aproximadamente 417mA) de este motor que experimenta una resistencia mecánica que gira contra un helado espeso.

La brechas de chispa no se activará en presencia de una impedancia fuerte a menos que un capacitor (C1), de 1e-13 Farads o menos, se coloque en paralelo con él. Este mismo mecanismo es requerido cuando se eleva el voltaje de entrada del generador más allá de su límite seguro de micro voltios. Para esta limitación, un pequeño capacitor de 10pF, C3, se coloca adyacente a la conexión a tierra detrás de los generadores de frecuencia. Estas influencias estabilizadoras hacen posible aumentar la tensión de entrada del generador de onda sinusoidal y también elevar la autoinducción de la bobina del rotor.

Por cierto, si aún no lo has adivinado, ¡lograr una capacidad muy baja fuera del límite de componentes

Ampliación de la Gama de Vehículos Eléctricos al Maximizar sus Horas-Amperio.

disponibles para la venta es fácil! Solo ponga múltiples capacitores en serie de acuerdo a la fórmula:

$(1 \div C_1) + (1 \div C_2) + (1 \div C_3) \ldots = 1 \div C_{total}$

O bien, construya su propio capacitor Farad ultrabajo utilizando placas de vidrio con un acabado plateado.

Buscar: *como hacer un espejo de vidrio*

Los valores correctos de autoinducción aparecerán en el rotor, la frecuencia en el generador de onda sinusoidal de alta frecuencia y la capacitancia en C1 cuando se alcance la tensión objetivo del rotor de 120V RMS y se duplique la frecuencia de operación original del motor de 60 Hz y la marejada ocurra a intervalos regulares de → 2 × 60 Hz = 120 Hz.

Aumentar la autoinducción de la bobina del rotor será a expensas de disminuir el nivel de potencia general. *¡La mayoría de las veces!* Sin embargo, tiene la ventaja de aumentar la frecuencia de salida y permitir que el rotor se enganche más. Esto puede compensarse aumentando la frecuencia del generador de onda sinusoidal de alta frecuencia que aumentará ligeramente el nivel de potencia.

Si recibe mensajes de error del simulador mientras realiza ajustes en estos dos componentes cruciales, o si la brechas de chispa no se enciende (evitando que subidas implacables cocinen su circuito), disminuya la capacitancia de C1. Esto tendrá la ventaja de aumentar la frecuencia en el rotor al tiempo que reduce el nivel de potencia.

Una brechas de chispa reemplaza la necesidad de relés mecánicos, para controlar las oleadas implacables, cortándolos en formas de staccato. ¡Pero no dejes que te desanime a usar los relés!

Si la jaula de Faraday más interna está conectada a una tierra común, ¿tal vez podría ser posible reducir la frecuencia del generador de onda sinusoidal? No lo sé …

En algún lugar entre un segundo e infinito, la tendencia a aumentar a ganancia infinita se reafirmarse y es capaz de estallar este dispositivo, enviando metralla en todas direcciones y fundiendo los devanados de cobre. O bien, se disipará lentamente.

En cualquier caso, una solución fácil es detectar cuándo esta oleada o disipación está comenzando a aumentar o disminuir, antes de que alcance las proporciones épicas, e intercambiar las conexiones por el condensador, C2. Este condensador comenzará a agotarse y luego reiniciará su carga. Cuando alcance la saturación, la brechas de chispa comenzará a disparar, nuevamente, al mismo nivel que había estado disparando antes de la inversión de las conexiones de C2.

Esto aumentará ligeramente la salida del rotor. Por lo tanto, me he tomado la libertad de ejecutar esta simulación con la presunción de que no está comenzando desde un comienzo frío. Pero, más bien, C2 tiene la ventaja de haber sido precargado con una condición completamente saturada de -120V.

Esto se representa en el esquema como "IC = -120". "IC" es una abreviatura de la "condición inicial" del capacitor.

Las marcas de polaridad del capacitor (por el bien de la simulación) ayudan a orientar la condición inicial. Entonces, ¿tengo que adivinar que los 120 voltios negativos cargan la parte inferior del condensador con este valor? Y cuando se descarga inmediatamente después, se descargará con un valor positivo de 120 voltios. Los dos diodos adyacentes a la parte inferior de C2 están orientados a aceptar esta polaridad de descarga.

La inversión de C2 se podría lograr con el uso de un conmutador o relés.

La frecuencia de entrada es energía potencial. No es energía cinética cuando la bobina del rotor es alimentada por la frecuencia de entrada del generador de onda sinusoidal colocado en las afueras del circuito.

Ampliación de la Gama de Vehículos Eléctricos al Maximizar sus Horas-Amperio.

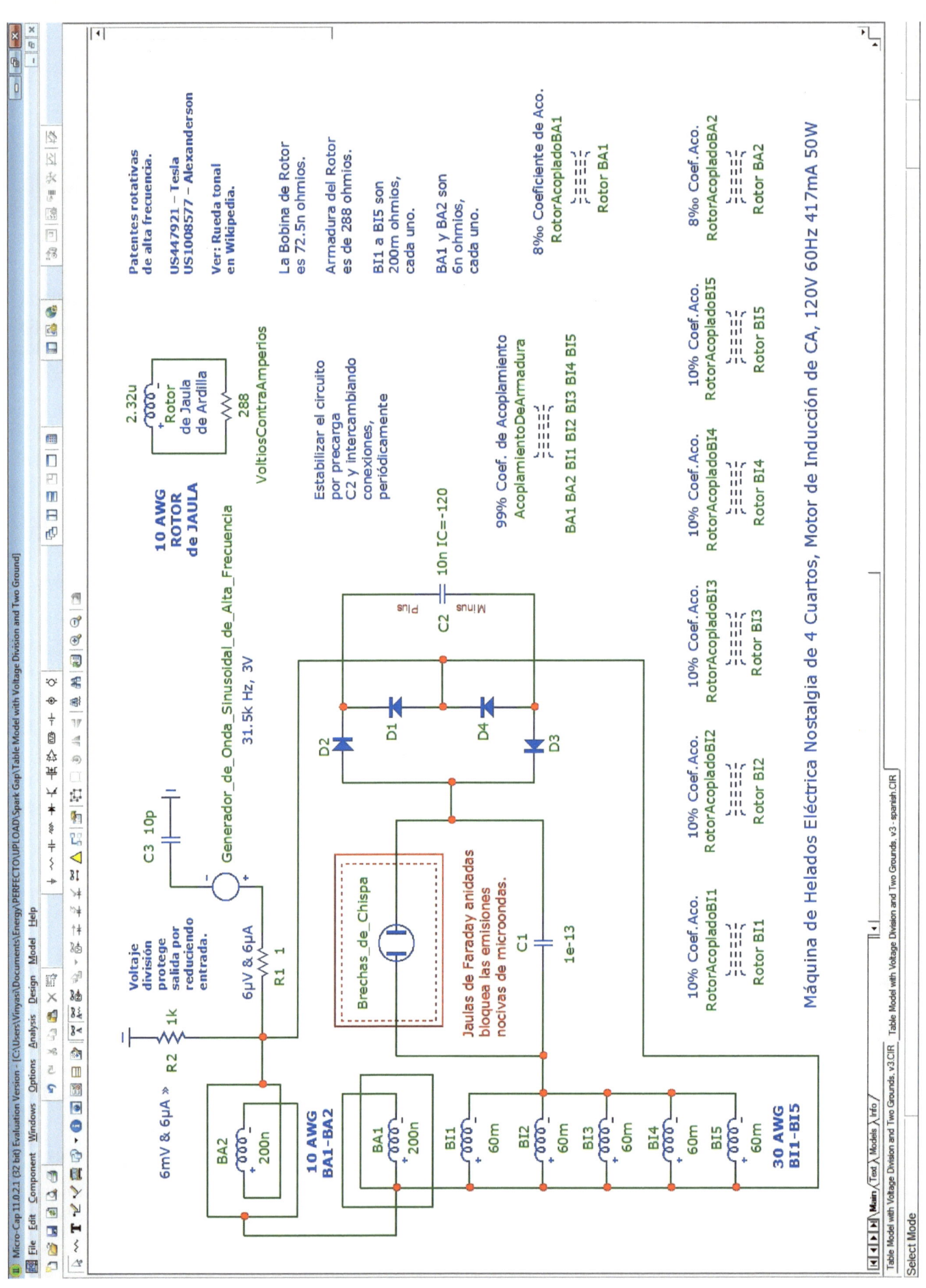

Ampliación de la Gama de Vehículos Eléctricos al Maximizar sus Horas-Amperio.

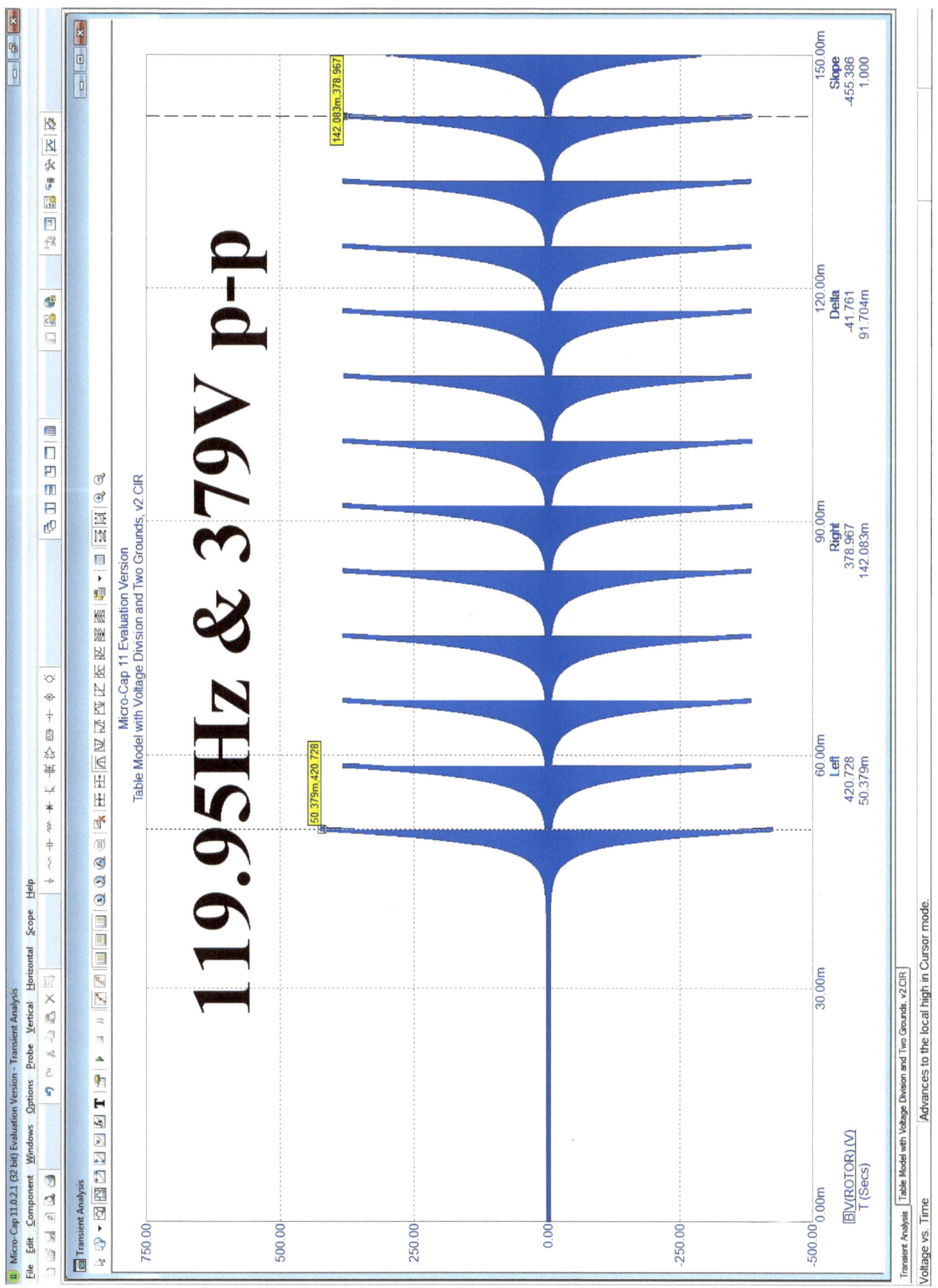

Ampliación de la Gama de Vehículos Eléctricos al Maximizar sus Horas-Amperio.

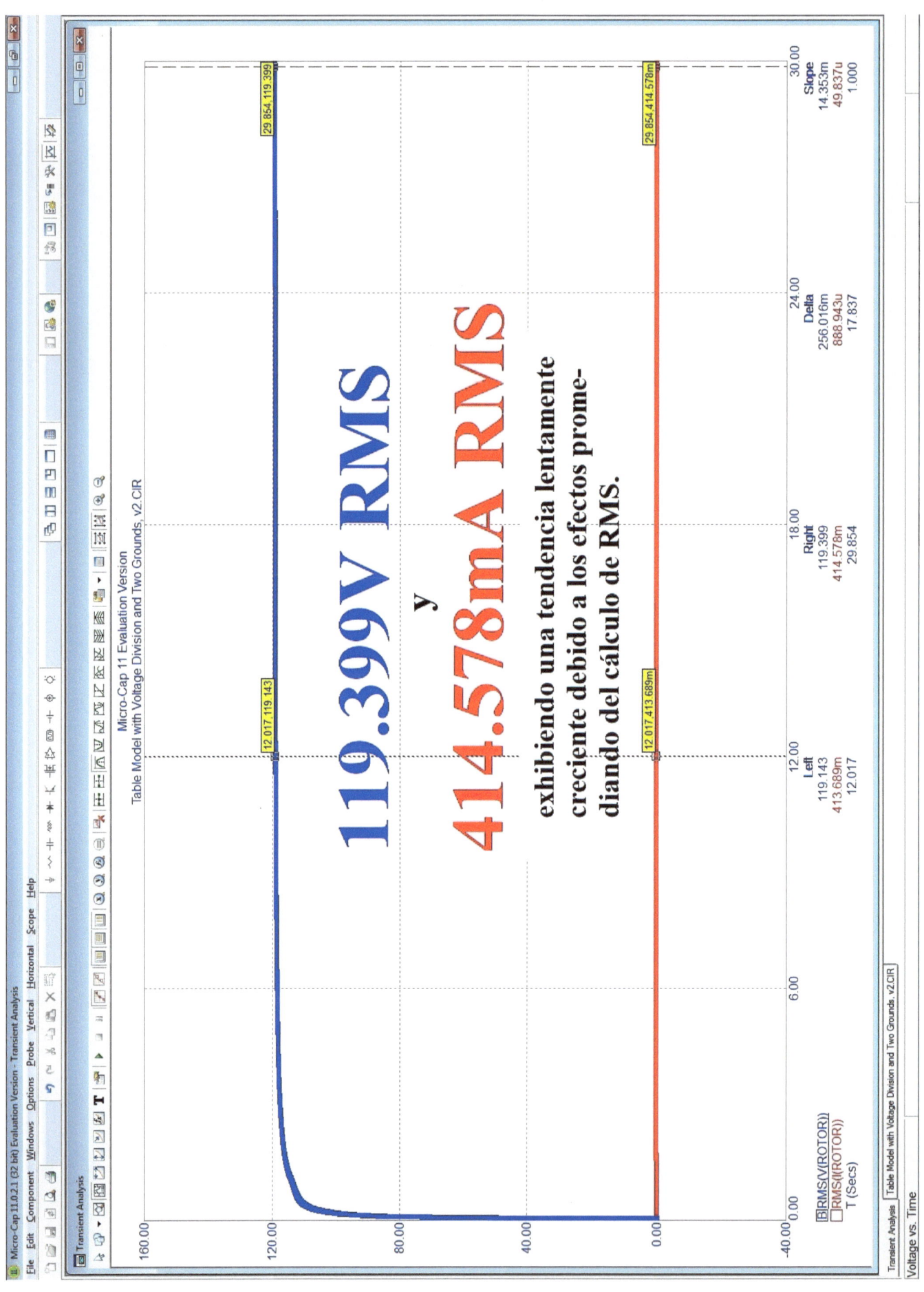

Ampliación de la Gama de Vehículos Eléctricos al Maximizar sus Horas-Amperio.

Esta calculadora se usó para obtener los amperios y la resistencia del motor de la máquina de helados desde sus vatios y voltios nominales. Genial, ¿eh?

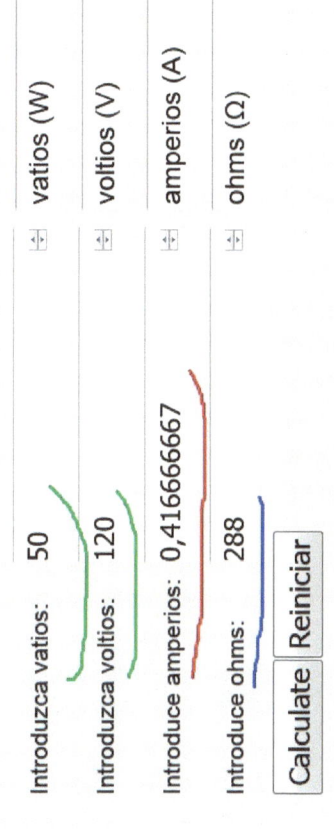

Calculadora de vatios / voltios / amperios / ohmios

Vatios (W) - voltios (V) - amperios (A) - calculadora de ohmios (Ω).

Calcula la potencia / tensión / corriente / resistencia.

Ingrese **2 *valores*** para obtener los otros valores y presione el botón *Calcular*:

Introduzca vatios:	50	vatios (W)
Introduzca voltios:	120	voltios (V)
Introduce amperios:	0,416666667	amperios (A)
Introduce ohms:	288	ohms (Ω)

Calculate Reiniciar

Cálculos de ohmios

La resistencia R en ohms (Ω) es igual a la tensión V en voltios (V) dividida por la corriente I en amperios (A):

$$R = \frac{V}{I}$$

La resistencia R en ohms (Ω) es igual a la tensión cuadrada V en voltios (V) dividida por la potencia P en vatios (W):

$$R = \frac{V^2}{P}$$

CALCULADORES ELECTRICOS

- Amperios a kW

Calculadora de Inductancia de Bobina

http://www.66pacific.com/calculators/coil-inductance-calculator.aspx

Para calcular la inductancia de una bobina de núcleo de aire de múltiples capas, múltiples filas:
1. Seleccione las unidades de medida (pulgadas o centímetros).
2. Ingrese el número de vueltas (devanados).
3. Introduzca el diámetro de la bobina (centro de la bobina al centro de los devanados, consulte el diagrama).
4. Introduzca la longitud de la bobina (distancia desde el primer al último devanado, consulte el diagrama).
5. Introduzca la profundidad del devanado (ver diagrama).
6. Haga clic en **Calcular**.

- ● Pulgadas
- ○ Centimetros

- ○ Bobina de una sola capa
- ● Bobina multi-capa, multi-fila
- ○ Bobina de una sola fila de múltiples capas

(La siguiente fórmula de inductancia requiere unidades en pulgadas.)

$$\text{Inductancia} = \frac{0.8\,(\text{Radio}^2 \times \text{Vueltas}^2)}{6\,\text{Radio} + 9\,\text{Longitud} + 10\,\text{Profundidad}}$$

Vueltas
2.247

Diámetro
1,21875

Longitud
1,875

Profundidad
0,34375

2.247 devanados son para entrada de 3V.

[CALCULAR]

Resultado: Inductancia = 62.578 microhenries

Referencia: El manual de la ARRL para radiocomunicaciones 2017
Ver también: Calculadora bobina bobina toroide
versión francesa

Ampliación de la Gama de Vehículos Eléctricos al Maximizar sus Horas-Amperio.

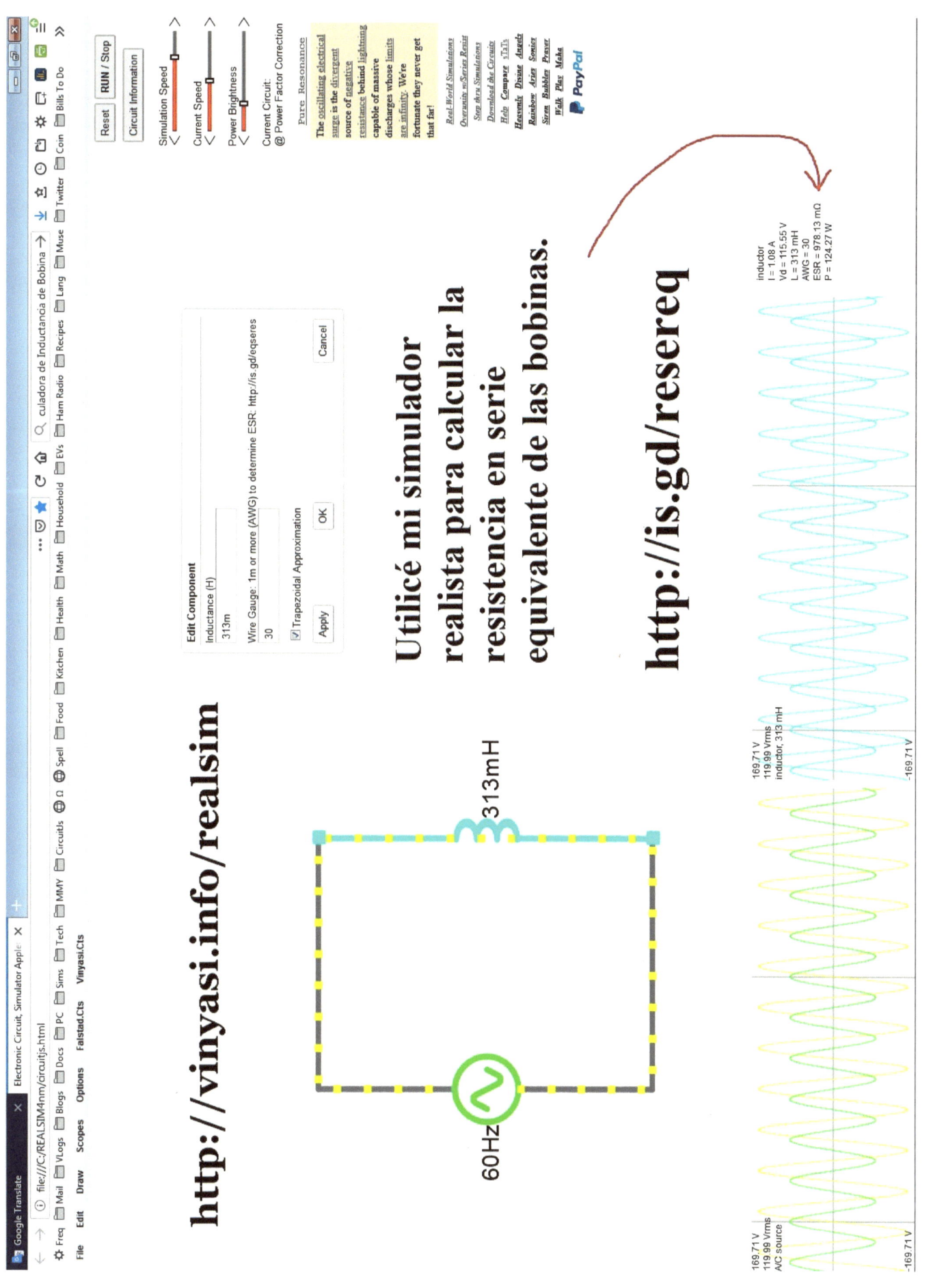

Utilicé mi simulador realista para calcular la resistencia en serie equivalente de las bobinas.

http://vinyasi.info/realsim

http://is.gd/resereq

3. Epílogo a la Solución

A los motores eléctricos se les ha asignado convencionalmente la tarea de convertir una entrada estable en una salida estable. No se consideran máquinas que sintetizan electricidad. Esto se demuestra por sus esquemas de cableado. Pero con una pequeña modificación a un ejemplo de un motor de inducción, es posible emancipar a un motor eléctrico de depender exclusivamente de fuentes externas para su energía.

Los directores de orquestas sinfónicas nunca sustituyen a la orquesta que guían (a menos que sean una banda de un solo hombre). Simplemente dirigen mientras la orquesta toca. La orquesta proporciona toda la energía y el poder humano necesarios para manifestar su guía. Cada músico realiza su propia tarea asignada a ellos sin hacer el trabajo de nadie más. Incluso en casos raros en los que el violinista principal o el pianista de concierto también dirige, la orquesta nunca se elimina. Se mantiene para actuar en concierto con el violinista principal o el pianista de concierto para interpretar la música.

Del mismo modo, una fuente de voltaje simplemente debe proporcionar una guía para su circuito. Nunca debe servir como la única fuente para la energía de un circuito. A las fuentes de voltaje se les da el término análogo de "reguladores de voltaje" por una muy buena razón (si prestamos atención a esta implicación): evite dar al circuito toda la fuerza vital que necesita para sobrevivir. En su lugar, proporcione una forma de onda (ya sea simple o compleja) que sirva como un arquetipo germinal para que el circuito se desarrolle y mejore.

Una vez que un regulador de voltaje se convierte en una fuente de voltaje, el circuito se bloquea en un resultado fijo vinculado a su entrada como una dependencia completa.

Por ejemplo, las compañías de teatro no necesitan estar atadas exclusivamente a su director. Pueden estar compuestos por un conjunto que coopera en el cumplimiento de las responsabilidades totales de la dirección y el desempeño sin la necesidad de un director distinto de su compañía de actuación. *{No a diferencia de Danny Kaye haciendo creer que él estaba dirigiendo una orquesta* cuando, de hecho, ¡la orquesta se estaba dirigiendo sola!}*

*Buscar: *Danny Kaye dirigiendo una orquesta*

Esta es mi visión de un circuito ideal en el que su director (el regulador de voltaje) funciona con una administración limitada que le permite al circuito la libertad de amplificarse sin la presencia sofocante de una fuente de voltaje. *{Piensa en las fuentes como circuitos de amortiguación.}*

Ver: *amplificador de búfer en Wikipedia*

Cuando una fuente de voltaje se vuelve débil, sus beneficios regulatorios también se vuelven minúsculos. Por lo tanto, a menudo es necesario proporcionar una regulación adicional dentro del cuerpo de un circuito para compensar la diferencia. Esta no es una tarea imposible, ni es difícil, sino que es un mero tecnicismo.

El beneficio de utilizar el consumo de energía dentro de un circuito de una manera un poco más complicada, en lugar de una manera más directa (como en el caso de un circuito de linterna simple), es el beneficio de liberar nuestros aparatos de la red eléctrica.

4. El desarrollo de una sobretensión, aka sobrecarga eléctrica, …

… requiere el acoplamiento mutuo de las bobinas del motor principal, **BI1** y **BI2** – etc, a un rotor que utiliza solo un 10% de coeficientes.

Varios factores pueden mejorar una sobrecarga que incluye, pero no se limita a: agregar más bobinas de arranque o aumentar la frecuencia permitida para ingresar a este dispositivo. *La frecuencia es igual a la energía potencial.**

Ampliación de la Gama de Vehículos Eléctricos al Maximizar sus Horas-Amperio.

*https://es.wikipedia.org/wiki/Espectro_electromagnético#Rango_energético_del_espectro

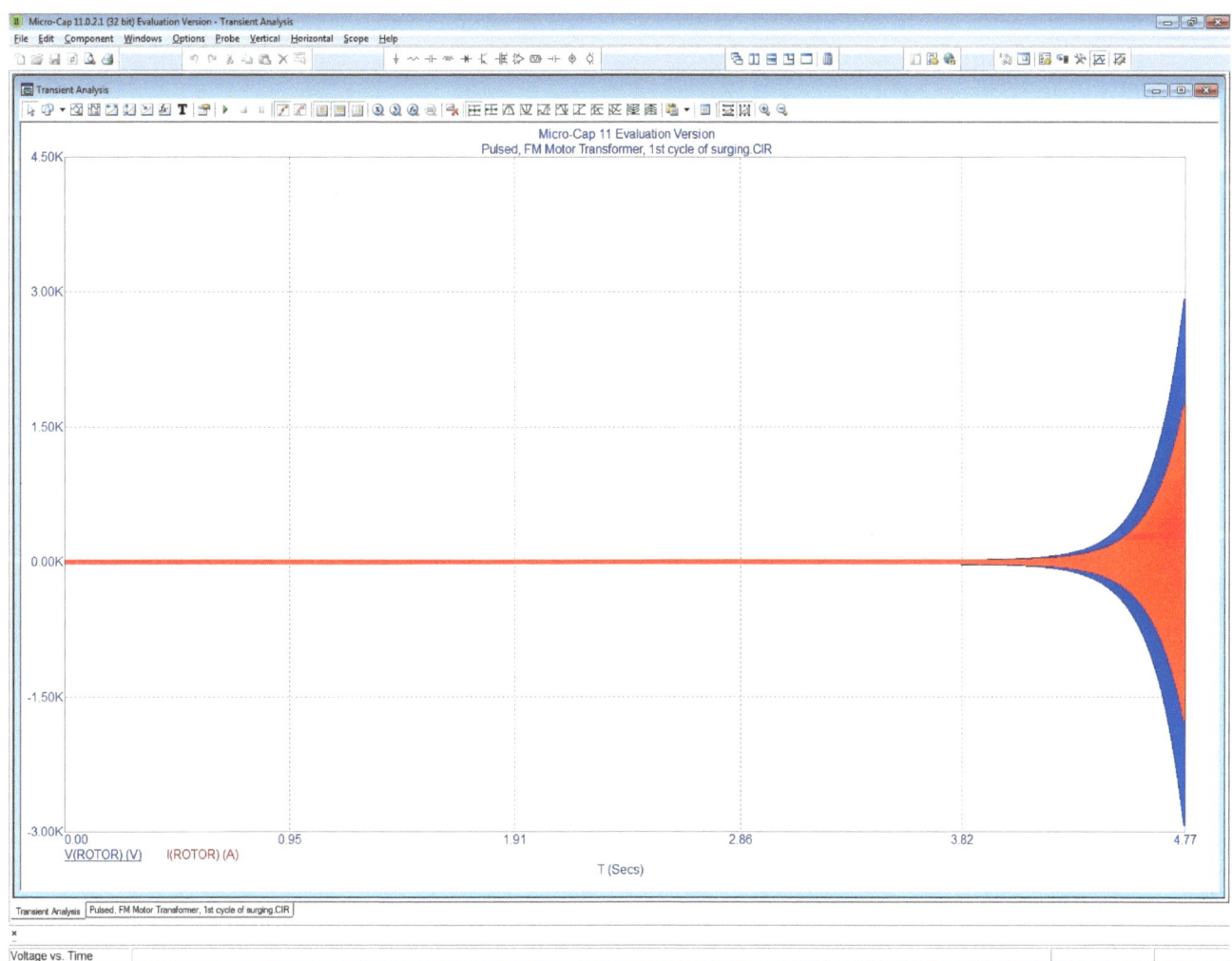

5. Regule las sobrecargas eléctricas oscilándolas …

… con una brechas de chispa. Esto también requiere el uso de un generador de ondas sinusoidales a alta frecuencia o un generador de CA de alta frecuencia. ¡Y las conexiones eléctricas a tierra deben ser dos, no una, para evitar que el motor eléctrico gire fuera de control o drenar el generador a una tasa de descarga ridícula! Este es el problema que los posibles replicadores de los motores eléctricos y generadores de CA de Tesla tenían hace más de un siglo cuando intentaban eludir la patente de Tesla haciendo su propia versión para evitar pagar regalías por las patentes de Tesla. Steinmetz resolvió este enigma con un modelo matemático cuando General Electric contrató a Steinmetz para romper las patentes de Tesla CA.

Ampliación de la Gama de Vehículos Eléctricos al Maximizar sus Horas-Amperio.

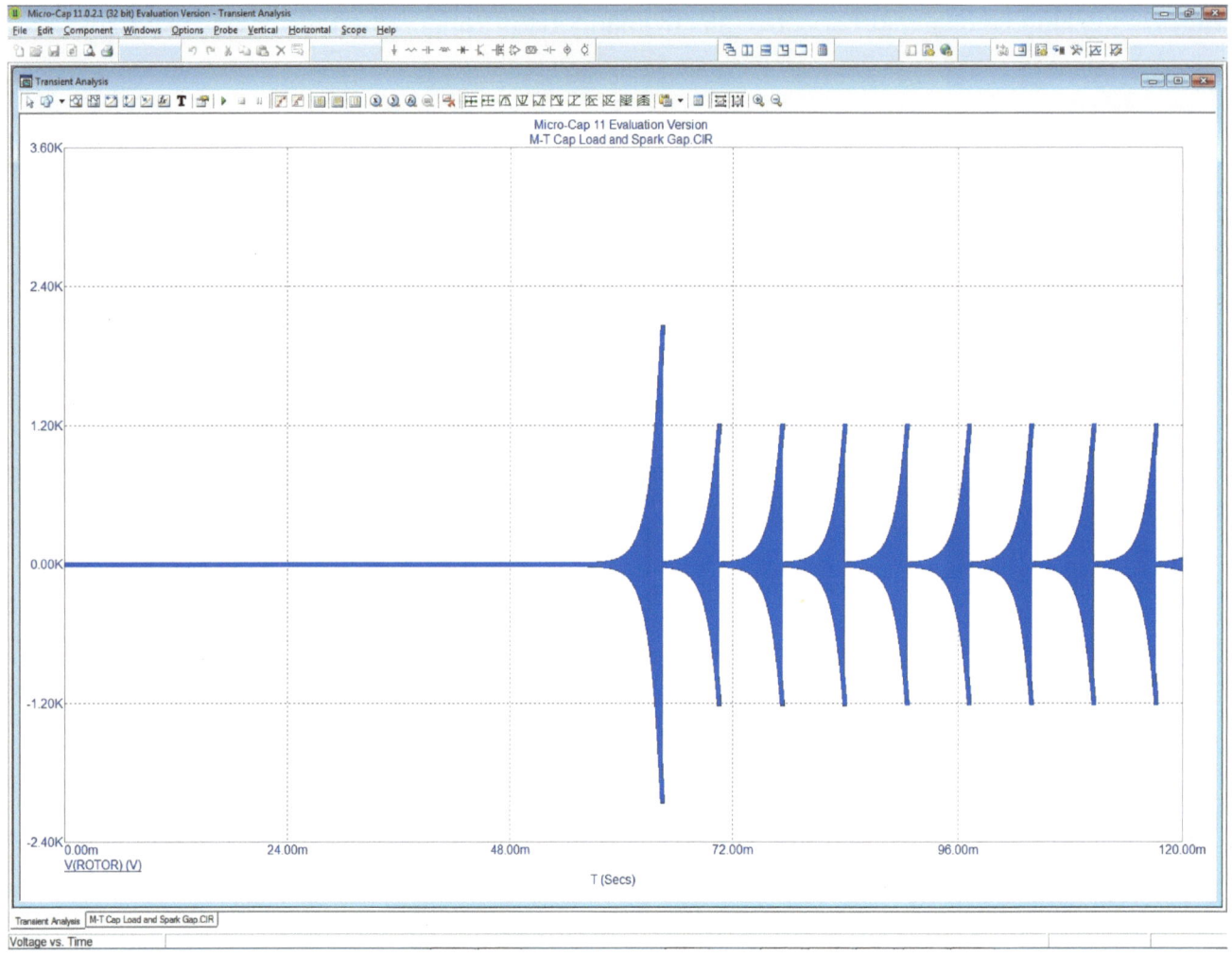

6. Compensación de una Carga de Par

Se puede colocar una resistencia adicional en una simulación de circuito para replicar el efecto de un motor eléctrico que se convierte en un generador cuando opera bajo condiciones de carga, especialmente cuando se acelera o conduce en caminos de montaña.

La tecnología de motores eléctricos estándar soluciona este problema al lanzar una tensión masiva a su carga, y también a la fuerza electromotriz inversa de la bobina del motor, que agota rápidamente las baterías de un automóvil eléctrico. Compare esto con los micro-voltios que entran en mi diseño para un motor eléctrico de eficiencia mejorada.

Aumentar la frecuencia de entrada (generalmente en el rango kilo-Hertz) es el método preferido para aumentar la salida de este dispositivo. Ampliar y aumentar el número de bobinas del motor principal, BI1 a través de BI2 (y continuando), es otra forma de proporcionar una mayor salida.

Pero eso no solucionará el problema. El generador transformador * de Jim Murray muestra una probabilidad diferente en la que este motor-transformador mío se convertirá en su propio generador en caso de que se le aplique una carga externa. Esto acelerará este dispositivo a su autodestrucción final si su frecuencia no se reduce para compensar. La regulación de la frecuencia en tiempo-real es imprescindible.

*http://emediapress.com/jimmurray/tgen

Esto exige un rango de frecuencias variables para alimentar este dispositivo.

7. No mate el dipolo de la batería.* ¡Forme uno nuevo!

*Buscar: *Bearden asimetría dipolo*

El retorno de la corriente no utilizada a la batería en su otro polo elimina la diferencia de voltaje entre sus dos terminales. ¡No es de extrañar que la batería sea reemplazada o recargada!

Pero, ¿qué sucede si creamos otro dipolo en el cuerpo de nuestro circuito, para reemplazar las horas-amperio suministradas por una batería, y combinamos esto con la inteligencia de una fuente de CA de alta frecuencia que posee muy poco voltaje?

Esto, lo hacemos, cambiando el ángulo de fase de la corriente 180 ° fuera de fase con su voltaje, o invirtiéndolo por completo, nunca estoy seguro de cuál, y proporcionamos dos lugares donde la corriente puede acumularse segregada de la acumulación de voltaje en otro lugar.

Casi parecerá gracioso ver la corriente que se mueve desde un área de bajo voltaje hacia un área de alto voltaje. Esta es la electricidad que viaja hacia atrás en el tiempo según los estándares convencionales. Según mis criterios, esto es negentropía: la recreación del universo.

Esto creará diferencias entre dos áreas en un circuito y las mantendrá en condiciones extremas: los voltajes altos aumentarán y seguirán siendo así, sin mucha corriente, mientras que los voltajes bajos irán a cero voltios y exhibirán altos niveles de corriente.

¡Ahora, tenemos un nuevo dipolo casi reemplazando una batería!

Lo único que falta es el incentivo, llevado en una fuente de bajo voltaje, de una onda sinusoidal de alta frecuencia para maximizar el potencial de ganancia infinita. Esta es resonancia y una herramienta poderosa para jugar con.

Cuando la corriente domina una condición de no voltaje en un lado de un transformador, o entre un conjunto de bobinas del motor versus otro conjunto enrollado en la misma armadura, y el voltaje domina la corriente en el otro conjunto de bobinas del motor o transformador, un dipolo artificial fabrican el aprovechamiento de la negentropía y la inversión del tiempo que rige el flujo de electricidad.

8. No dejes que esto te suceda …

Joseph Newman fue atornillado por el National Bureau of Standards cuando probaron su dispositivo.*

*http://files.ncas.org/nbsreport/approach.html

Realmente admiten en su sitio web haber agregado una resistencia en paralelo con la bobina masiva en el dispositivo de Joseph Newman. Esta resistencia era de 100Ω, mucho menos que la resistencia de la bobina (50kΩ, medida por el Dr. Hastings en el capítulo seis* del libro de Newman para el modelo del mismo tamaño). Esto creó una división de corriente entre la bobina y la carga adicional en la que la corriente preferiría recorrer la trayectoria de esta resistencia menor en lugar de pasar a través de la bobina de mayor resistencia. Esto evitó que se acumulara voltaje en la bobina, que era una característica muy importante para el circuito de Newman. Esto constituye un corto y un error cuando se encuentran cortocircuitos donde no pertenecen.

*https://archive.org/details/TheEnergyMachineOfJosephNewman8thEdition/page/n46

El circuito de Newman nunca fue probado eléctricamente. Solo se probó la versión modificada del circuito de la Oficina Nacional de Normas. Esto anuló las pruebas.

Las pruebas mecánicas son un asunto diferente. Una prueba de carga mecánica no infringe la resonancia eléctrica a menudo requerida de un circuito que exhibe una salida mayor que su entrada. Solo puede infringir la resonancia mecánica de este tipo de dispositivo si hay alguna resonancia de una variedad mecánica requerida para ese dispositivo.

9. La vulnerabilidad de nuestra red eléctrica al fallo es muy *real*.

Debido a la inevitabilidad de una gran supertormenta solar, **tenemos que aceptar el hecho de que la red eléctrica actual de la que dependen nuestras vidas es solo una infraestructura** *temporal*. **Esta infraestructura temporal nos ha servido muy bien, y ahora le hemos confiado nuestras vidas.** *Por supuesto, es posible construir una red eléctrica resistente. Sin embargo, en la mayoría de los países, como los Estados Unidos, ha faltado la voluntad de hacer que la red eléctrica sea resistente.*

El hecho de que la red de energía eléctrica comenzó como una conveniencia, pero se ha convertido en una necesidad para mantener la vida, es uno de los hechos más beneficiosos y más peligrosos de la existencia del siglo XXI.

No sabemos cuánto durará la red eléctrica actual; pero si no se reemplaza a tiempo por una robusta infraestructura permanente, cientos de millones de personas morirán cuando la red eléctrica se derrumbe simultáneamente en muchos países. La forma en que se produce un colapso de este tipo es bien conocida, y los métodos para prevenirla o tener transformadores de repuesto en su lugar para repararla con bastante rapidez, también son conocidos. Aunque estas medidas preventivas no serían terriblemente caras, llevaría algún tiempo implementarlas; y esas cosas nunca se han hecho.

Protección electromagnética del pulso, por Jerry Emanuelson, B.S.E.E. *

*http://www.futurescience.com/emp/emp-protection.html

10. La situación se ve agravada por el sabotaje absoluto de la red.

*LA UTILIDAD ELÉCTRICA EN UN INFORME DE INGENIERÍA EN EDAD DIGITAL NVE-1**

*http://ericpdollard.com/2018/10/06/the-electrical-utility-in-a-digital-age-engineering-report-nve-1/

"¡La red se está degradando y se ha convertido en una antena para amplificar el daño causado por un EMP! Esta es una de las presentaciones más perturbadoras jamás realizadas por Eric Dollard. La corrección de estas prácticas peligrosas es una cuestión de seguridad nacional".*

*http://emediapress.com/ericdollard/utility/

No estamos preparados para un evento climático extremo que podría freír la red eléctrica de la Tierra.*

*https://www.businessinsider.com/solar-storm-effects-electronics-energy-grid-2016-3

11. Glosario de Términos Útiles

"Tonterías de energía libre" se traduce como "complejo militar-industrial" – Este último término fue acuñado por Eisenhower durante su discurso de despedida que indicaba un cartel entre el gobierno y las empresas, lo que les brinda ventajas que operan como un monopolio de intereses creados. Ellos reemplazan: los medios de comunicación, nuestras instituciones educativas, la Oficina de Patentes, la Agencia de Seguridad Nacional y todos los aspectos de nuestras vidas confiscando nuestra libertad para tomar decisiones educadas. Porque sin un conocimiento preciso, las decisiones se limitan a la confusión y la ignorancia. La energía gratuita es altamente clasificada, propiedad patentada de los militares de los Estados Unidos y las empresas de fabricación que la alimentan.

12. Referencias aún no citadas en esta presentación.

Nikola Tesla, patente # US 577,671 - Fabricación de bobinas eléctricas y condensadores. La presión se aplica y se mantiene mientras los condensadores se están utilizando dentro de un circuito para reducir su resistencia en serie equivalente.

13. ¿De qué material debe estar hecha la armadura del motor?

Los "que saben" afirman que no se puede confiar en los simuladores (todo el tiempo) por la sencilla razón de que los transformadores modernos y las bobinas del motor no pueden pasar corriente continua en el mundo real a pesar de su capacidad para pasar Corriente Continua dentro el mundo virtual del simulador. Sin embargo, cualquiera que haya jugado con Perpetual Motion Holder de Edward Leedskalnin* sabrá que el CC *se puede* pasar y almacenar** por tiempo indefinido siempre que el material del núcleo tenga una alta remanencia*** de acero duro. Este conocimiento se encuentra en la página de texto 38 (PDF página 50) del libro de Edward Leedskalnin, titulado: *Corrientes Magnéticas.*****

*https://es.wikipedia.org/wiki/Edward_Leedskalnin

**https://es.wikipedia.org/wiki/Memoria_de_n%C3%BAcleos_magn%C3%A9ticos

**https://is.gd/ilubeq

***https://es.wikipedia.org/wiki/Remanencia_magn%C3%A9tica

***https://is.gd/ujixag

****http://www.hyiq.org/Downloads/Edward-Leedskalnin-Magnetic-Current.pdf

Los motores y transformadores, hoy en día, están hechos de acero eléctrico* destinado a impedir la circulación de corrientes de Foucault. Este material, no queremos, en estos circuitos simulados. Porque queremos que las corrientes magnéticas residan dentro del material del núcleo de la armadura de un motor en cortocircuito (acoplando las bobinas del motor principal, L1 a L5+, con las bobinas de arranque, SC1 a SC3+) y permanezcan allí para desarrollar transitorios. Esto se considera muy ineficiente, pero los transitorios están disponibles de forma gratuita. Entonces, ¿por qué no ser un antieconómico?

*https://es.wikipedia.org/wiki/Acero_el%C3%A9ctrico

Antes de comenzar a experimentar con mis circuitos, ve a YouTube y busca los videos de Título de Movimiento Perpetuo, o su acrónimo: PMH.* Y asegúrese de construir la armadura para mis circuitos con material que también sea adecuado para los experimentos de PMH.

*Buscar YouTube: *Perpetual Motion Holder PMH Edward Leedskalnin*

Por cierto, Ed construyó una estructura de piedra en las afueras de Miami, Florida, llamada: "Castillo de Coral".* Búscalo en línea.

*Buscar: *Coral Castle*

14. Capturas de pantalla de esquemas diseñados para un vehículo eléctrico.

El modelo de tabla para pruebas, que precede a estas muchas páginas de teoría, se diseñó especialmente para una máquina de helados de baja producción, el motor de inducción CA. Tenía muchos peligros, uno de los cuales se estaba estancando al intentar entregar un rendimiento tan bajo. Es por eso que necesitó algunas medidas de seguridad, tales como: un divisor de voltaje en la entrada y un condensador en paralelo con la chispa para estabilizar el disparo de sus arcos como un flujo constante de pulsos. El capacitor

Ampliación de la Gama de Vehículos Eléctricos al Maximizar sus Horas-Amperio.

alimentado por el puente rectificador completo de cuatro diodos aún puede necesitar que sus terminales (que se conectan al circuito) se intercambien de vez en cuando, incluso cuando este circuito está diseñado para alimentar una carga mucho más grande, como por ejemplo: un vehículo eléctrico cuyo los esquemas y los trazados de salida se muestran en las páginas siguientes. Este circuito necesita una alta frecuencia para contratar la brecha de chispa, como una sustitución de estado sólido para los relés mecánicos, para controlar las sobretensiones desde cocinando su dispositivo o, lo que es peor, explosionarlo. Siga los procedimientos seguros para trabajar con altos voltajes (que ocurren en este circuito) y radiación de microondas (que emana de la chispa). ¿Quién sabe? ¡Usted puede ser el primero en construir un EV que nunca debe conectarse a la red de servicios públicos!

Ampliación de la Gama de Vehículos Eléctricos al Maximizar sus Horas-Amperio.

Transformador de Motor de CA Pulsador de Frecuencia Modulada con Carga Capacitiva y Brecha de Chispa

El puente rectificador de diodo que alimenta una carga capacitiva produce una oleada hacia el olvido infinito. La adición de una brecha de chispa regula estas sobrecargas en un impulso variable amplificable al elevar la frecuencia del generador de CA de alta frecuencia. Otra forma de aumentar la salida es aumentando la autoinducción de las bobinas del motor principal, BI1 y BI2, o agregando más bobinas de arranque en paralelo con BA1 y BA2, o variando la resistencia del condensador, C1, a como tan bajo como 1 micro ohmio (cualquier menor capacitancia no ayuda) al variar la presión aplicada a su contacto con el material dieléctrico y sus dos placas terminales. Esto tendrá el efecto de aumentar la reactancia del condensador. {Al igual que presión afecta cristales de cuarzo piezoeléctricos, también lo hace presión afecta el material dieléctrico de los condensadores en general.} 65.7k vatios es la salida del rotor (después de un segundo de simulación) versus 112 picovatios de entrada (a través del generador de CA) dando un coeficiente de rendimiento de 547.5 Tera a 1 relación (equivalente a 547.5e + 15 : 1). El condensador, C1, puede cortarse en cortocircuito cuando este dispositivo se apaga y es posible que haya que cambiar sus conexiones de vez en cuando para evitar perder el control de la oleada de sobreunidad. El generador de onda sinusoidal de alta frecuencia está configurado a 50k Hz. Cualquiera que haya sido la demostración de Pierce-Arrow de Tesla en 1931, este es mi intento de recrear su concepto principal. El rotor se puede acoplar magnéticamente a ambos conjuntos de bobinas, BI1 y BI2, y BA1 y BA2, al mismo tiempo si la inductancia mutua entre el rotor y las bobinas de arranque, BA1 y BA2, es extremadamente pequeña: por ejemplo, 3e–10. De lo contrario, el rotor debe estar acoplado a cada par en momentos alternos, o emparejado en un solo conjunto todo el tiempo y protegido del otro par por todo el tiempo. Pulsando rítmicamente un motor de inducción estándar y volviendo a cablear sus bobinas de arranque para incluirlas (conectándolas) al cableado del motor, es posible que el costo se reduzca a una simple modificación.

El generador transformador de Jim Murray es similar ... http://emediapress.com/jimmurray/tgen Comparar con el motor de pulso Edwin Gray ... Patente de Estados Unidos 3.890.548 - 2 de noviembre de 1973

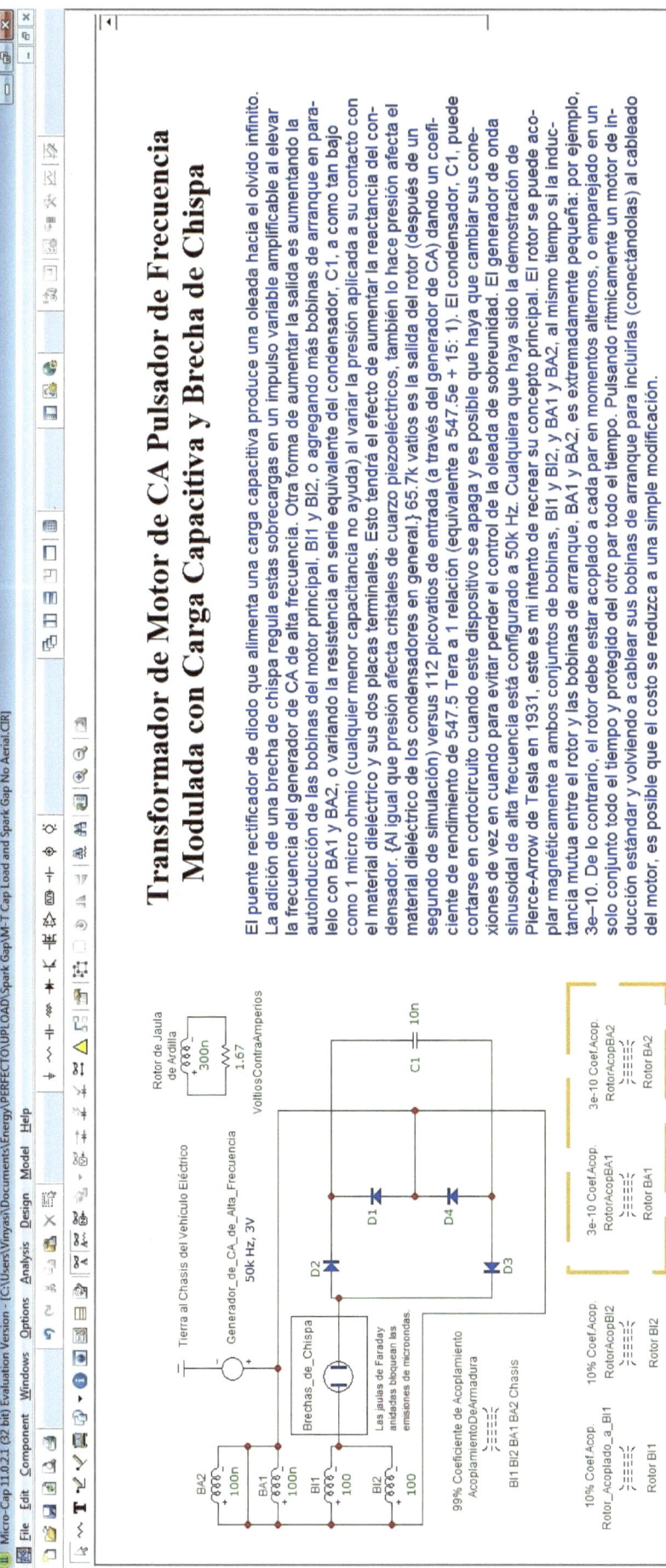

Las cinco bobinas tienen una resistencia en serie equivalente tres veces su autoinducción. Entonces, BA1 y BA2 tienen una resistencia en serie equivalente de 300 nanoohmios, cada uno, mientras que BI1 y BI2 tienen 300 ohmios, cada uno, y la bobina del rotor tiene 900 ohmios de resistencia interna de la serie, aparte de su resistencia externa de 1.67 ohmios (probablemente dentro del placas laminadas del rotor). El condensador, C1, tiene 10 mili ohmios de resistencia en serie equivalente.

Un generador de CA en miniatura podría producir 50 kHz a 3V mientras se rota por un conjunto de relaciones de engranaje incrementales desde un motor de CC en miniatura alimentado a 9 V desde una célula solar. Incluso si el motor de CC no puede girar más rápido que 900 RPM, se necesitaría una simple relación de engranaje de 1.667 a 1 para que el generador gire a 50k Hz. O, podríamos usar el método de generación de CA de alta frecuencia de Tesla (US 447,921 - 10 de marzo de 1891) o Alexanderson (US 1,008,577), respectivamente, incorporando ranuras en la superficie o dientes (que constituyen polos) en el borde del disco. O, una función de señal, generador de onda sinusoidal que funciona con una batería de 9V recargada por un mini panel solar. Mientras tanto, las oleadas están pulsando a poco menos de 72 Hz (71.78 Hz). Y cada uno de las dos bobinas principales del motor eléctrico, BI1 y BI2, pesan aproximadamente 1.875 libras de cable de cobre, y su peso combinado es de 3.75 libras.

El límite superior para acoplar mutuamente cada bobina de arranque al rotor es de 100 ppm, o 1/10 ‰ (1e–4). Esto significa que la relación autoinductiva mínima entre las bobinas del motor principal, BI1 y BI2, y las bobinas de arranque, BA1 y BA2, debe ser de alrededor de 10k: 1. Dado que las bobinas del motor principal son 100 Henrys, entonces las bobinas de arranque no pueden ser mayores que 10 milli Henrys. Hice mi prueba por factores de diez. Comencé a perder la sobre-unidad cuando la proporción de autoinducción se convirtió en 1k: 1. Entonces, en algún lugar entre 1k: 1 y 10k: 1 está el límite superior.

¡Las frecuencias por encima de 22k hasta 24k Hz producirán una sobre-unidad abundante y voltajes peligrosamente altos!

Ampliación de la Gama de Vehículos Eléctricos al Maximizar sus Horas-Amperio.

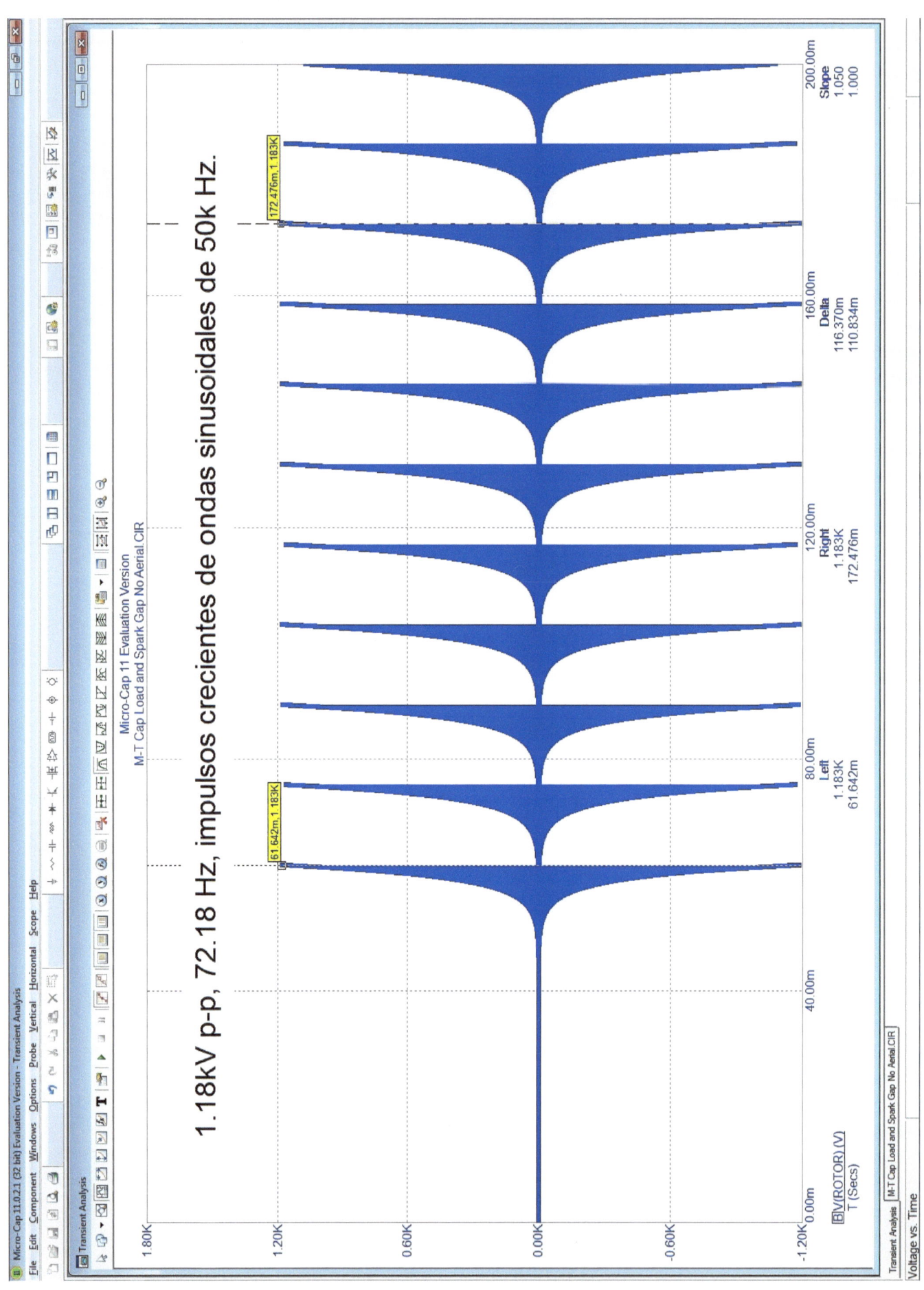

18

Ampliación de la Gama de Vehículos Eléctricos al Maximizar sus Horas-Amperio.

Ampliación de la Gama de Vehículos Eléctricos al Maximizar sus Horas-Amperio.

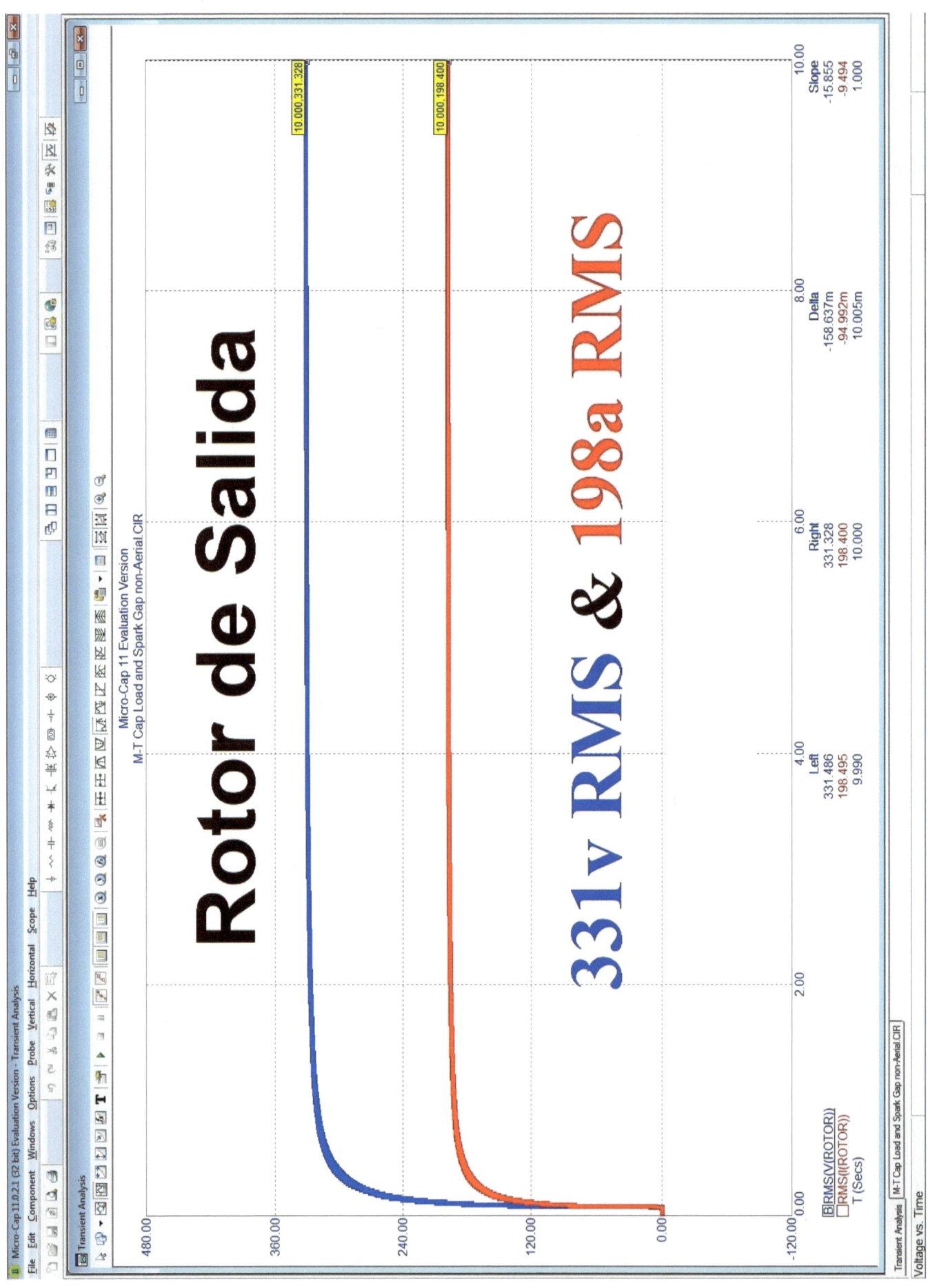

Ampliación de la Gama de Vehículos Eléctricos al Maximizar sus Horas-Amperio.

Ampliación de la Gama de Vehículos Eléctricos al Maximizar sus Horas-Amperio.

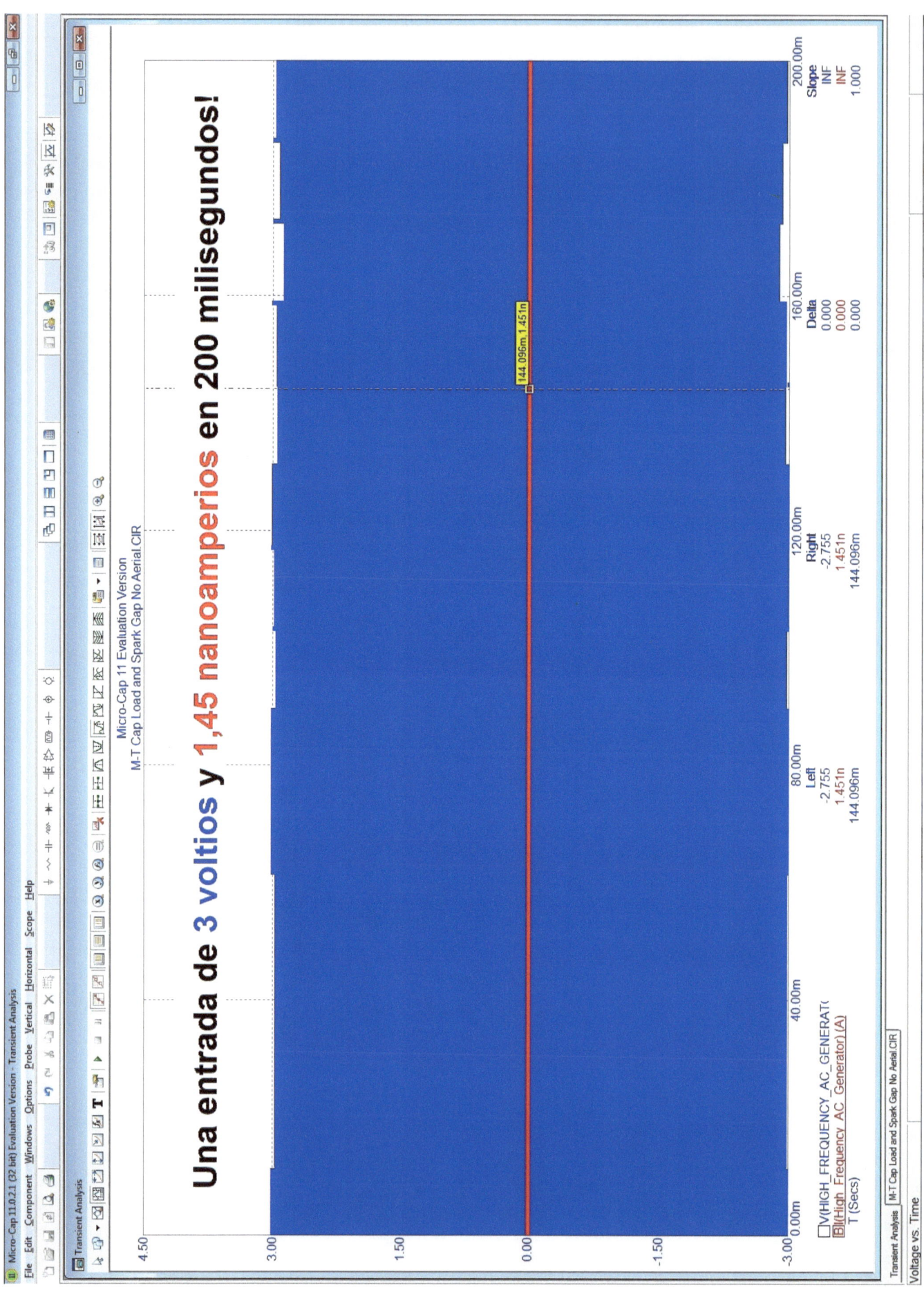

15. Agregar una batería para reducir el voltaje en el capacitor de CC.

Cuando se agrega una batería de 12 voltios en paralelo con el capacitor, la carga en el capacitor se reduce al nivel de voltaje en la batería. De lo contrario, el condensador se habría elevado a más de 100 voltios. Sin la batería, existe un riesgo adicional de que el circuito pierda su estabilidad y se convierta en una oleada fuera de control. El costo o la tasa de descarga de la batería es de aproximadamente 20 mili amperios RMS.

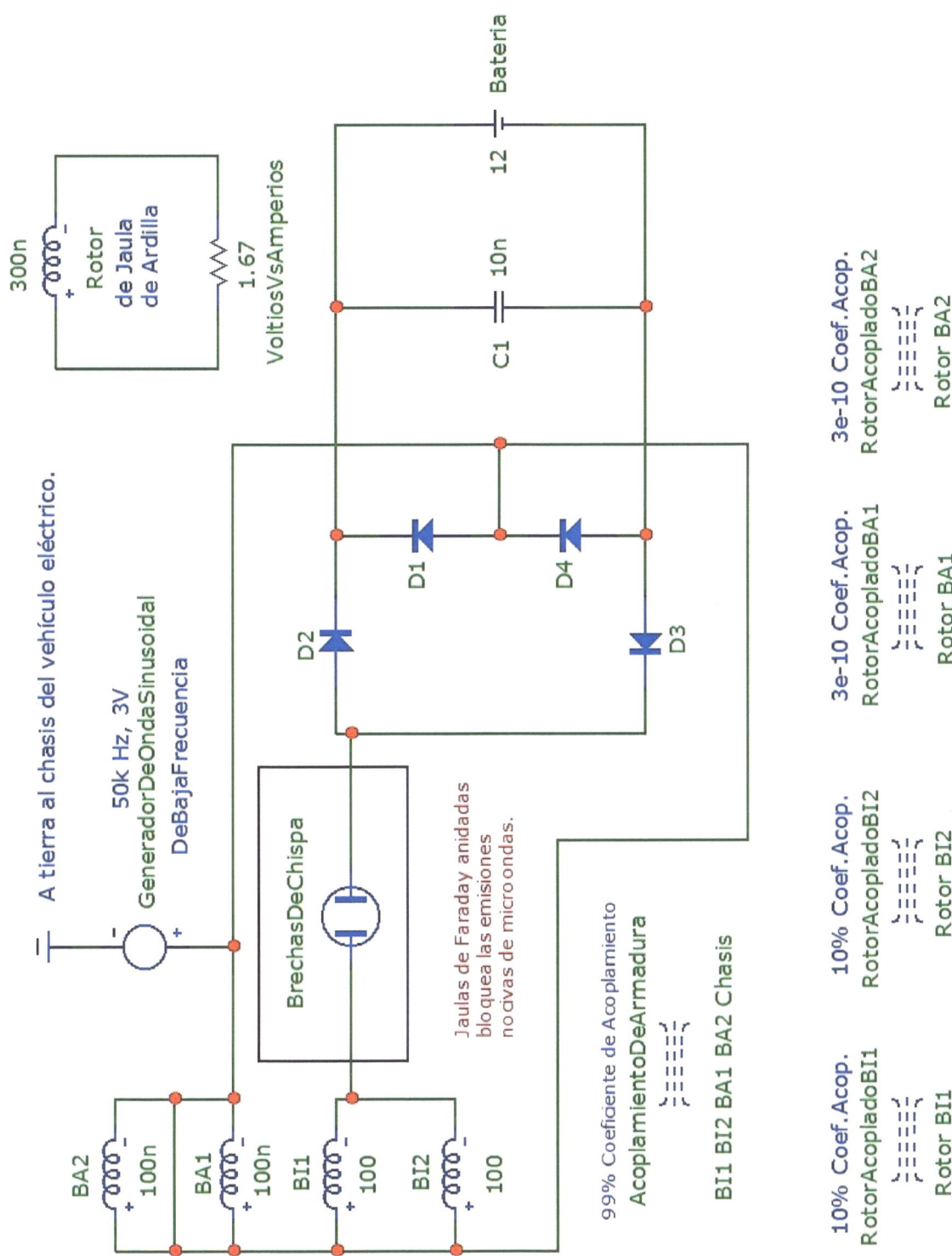

Ampliación de la Gama de Vehículos Eléctricos al Maximizar sus Horas-Amperio.

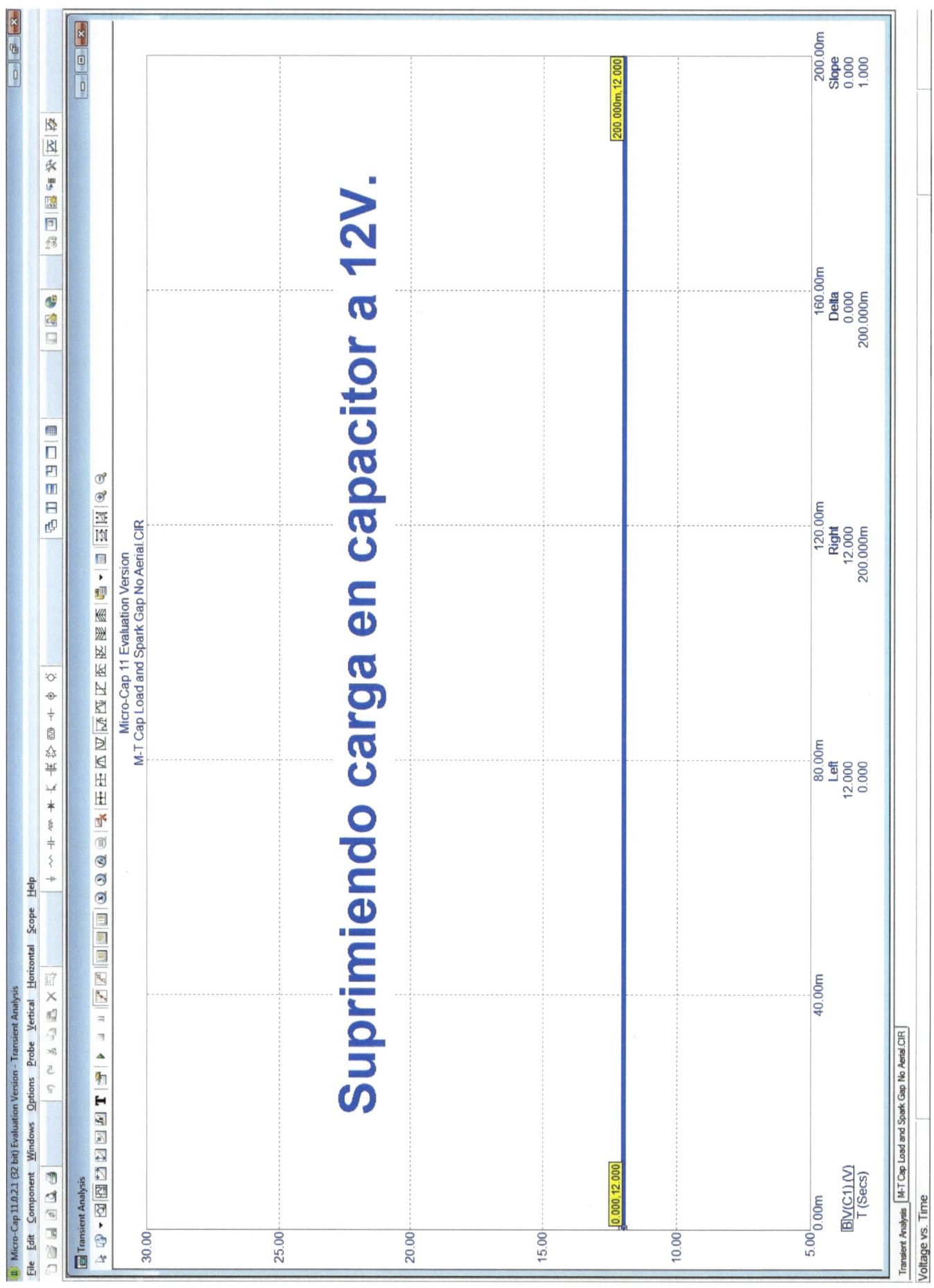

Ampliación de la Gama de Vehículos Eléctricos al Maximizar sus Horas-Amperio.

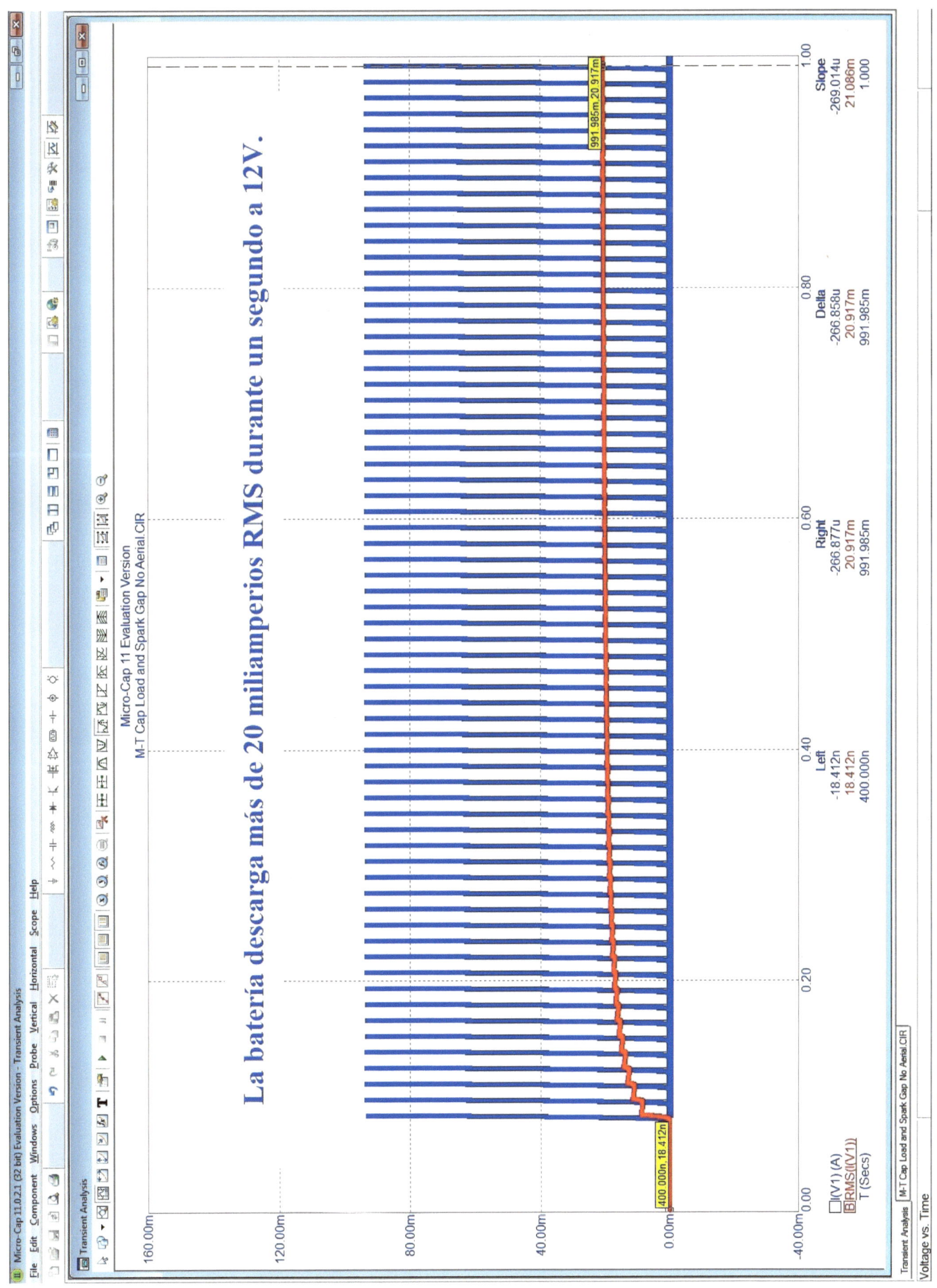

La batería descarga más de 20 miliamperios RMS durante un segundo a 12V.

Ampliación de la Gama de Vehículos Eléctricos al Maximizar sus Horas-Amperio.

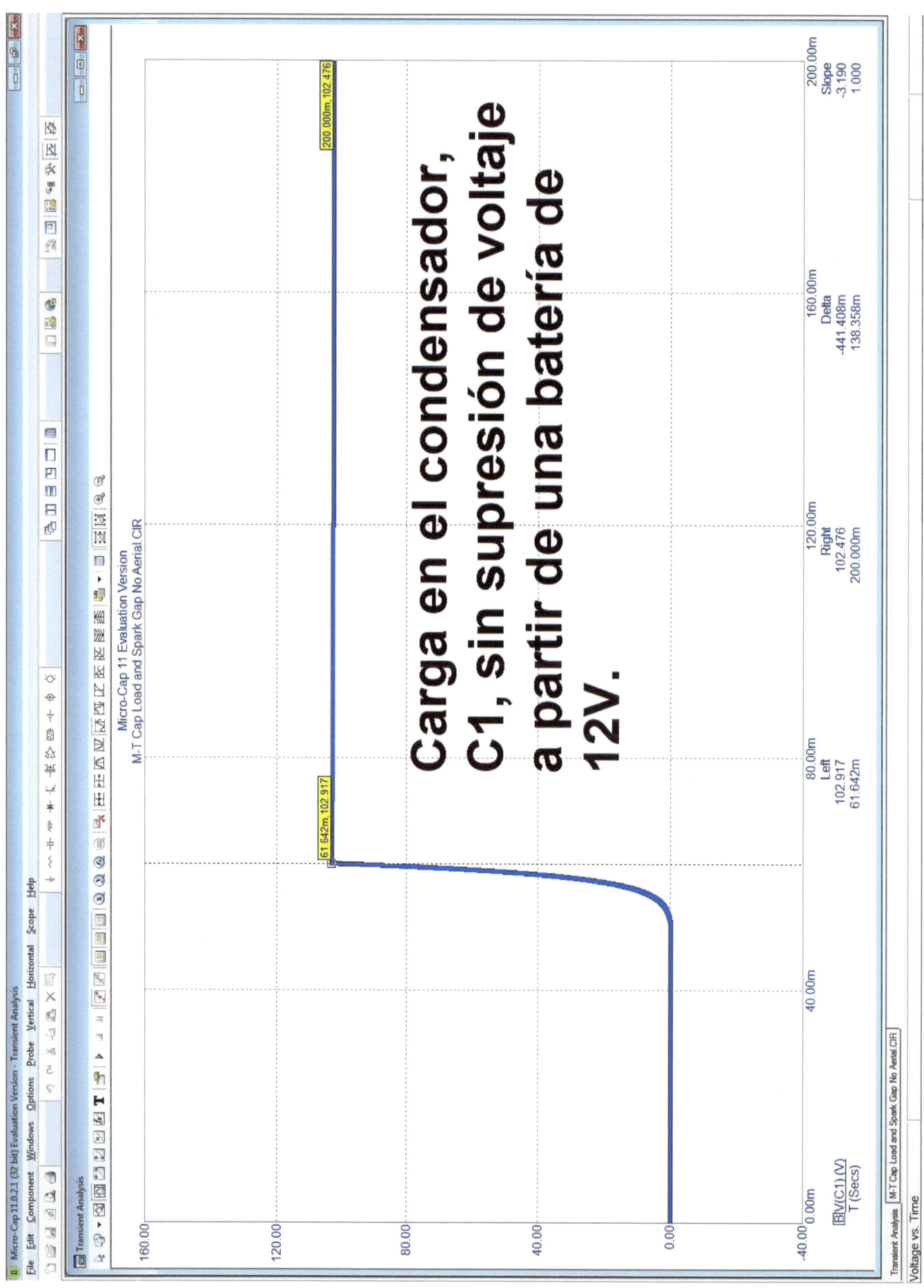

Ampliación de la Gama de Vehículos Eléctricos al Maximizar sus Horas-Amperio.

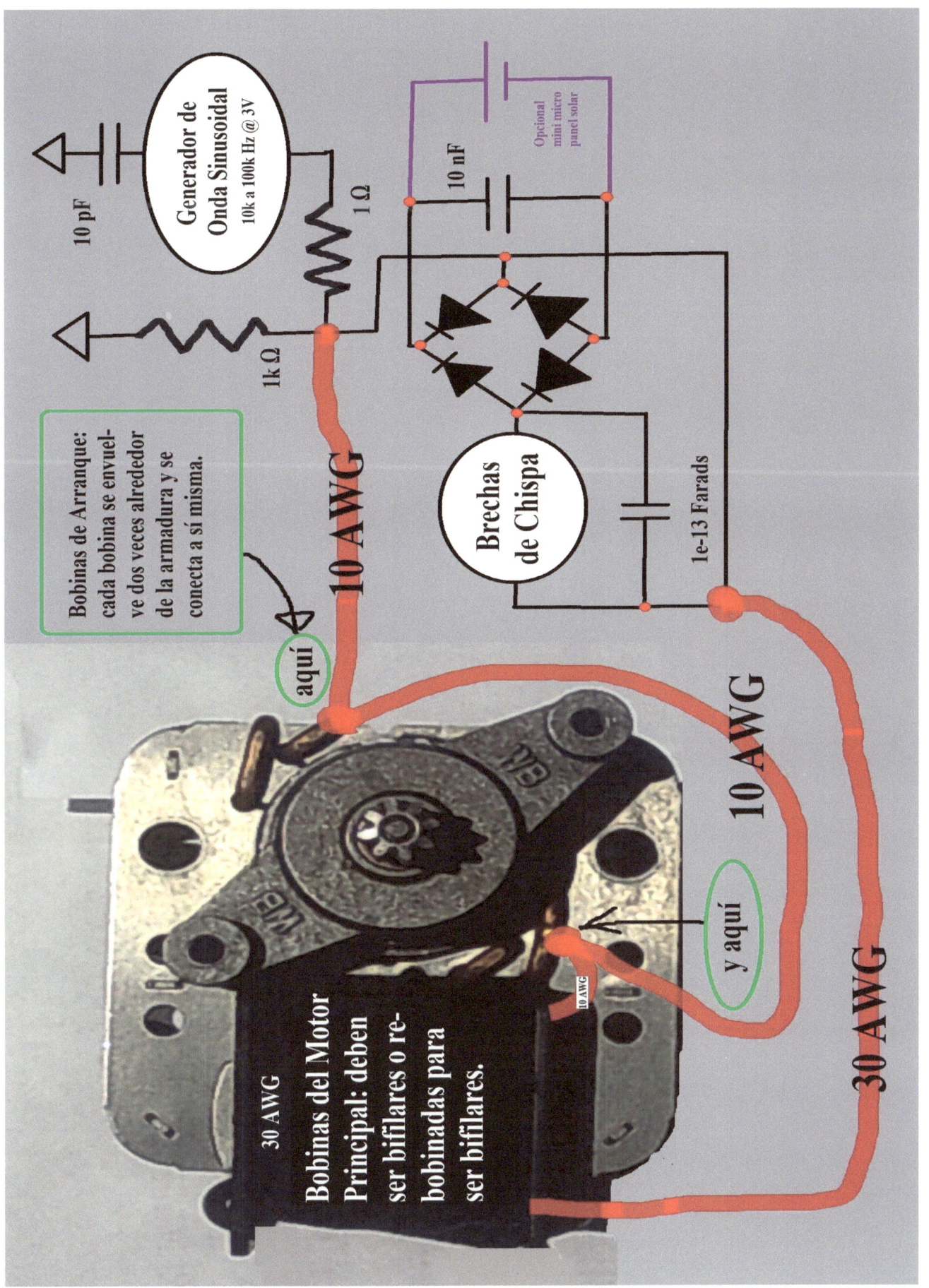

27

Ampliación de la Gama de Vehículos Eléctricos al Maximizar sus Horas-Amperio.

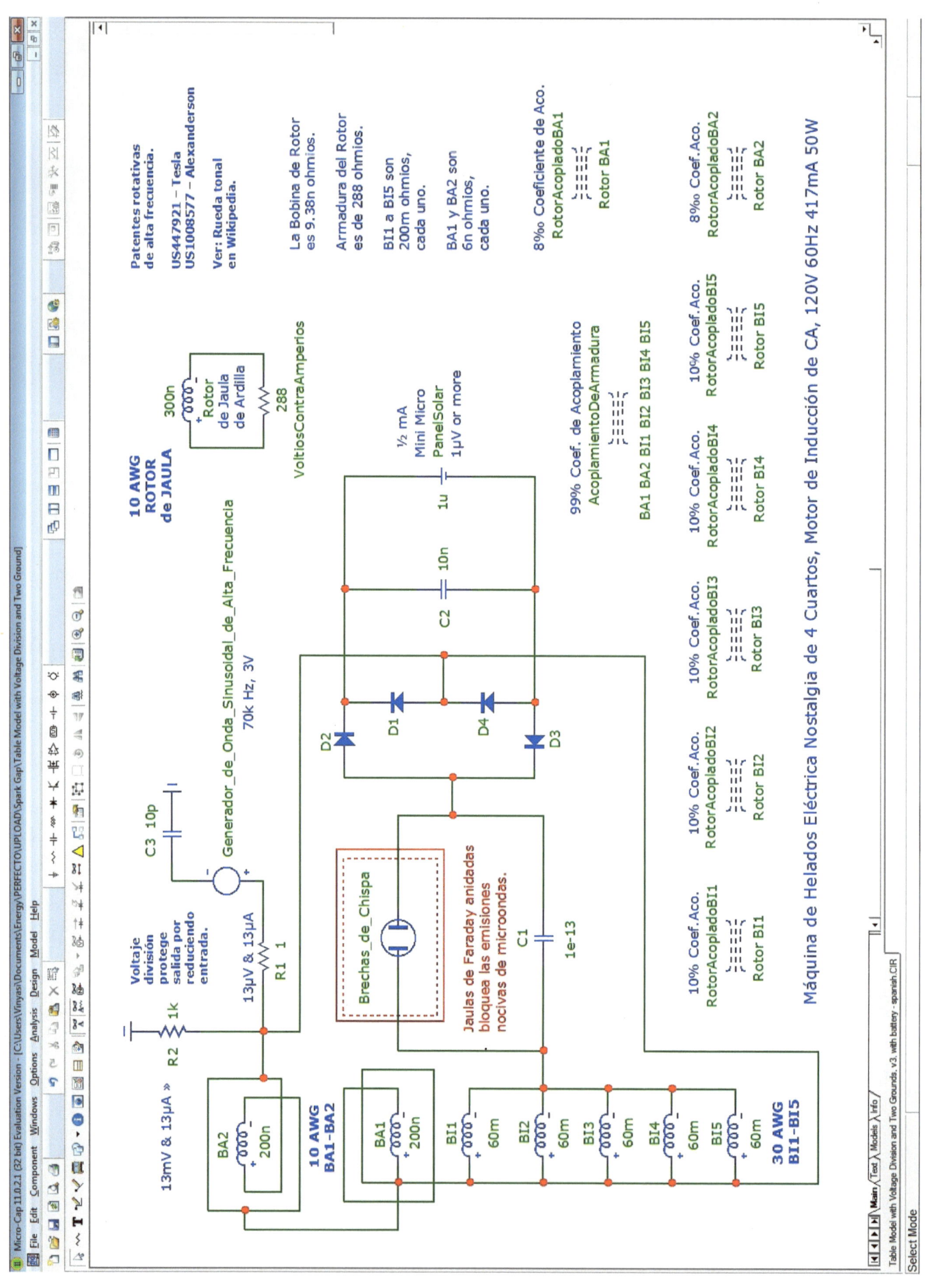

Ampliación de la Gama de Vehículos Eléctricos al Maximizar sus Horas-Amperio.

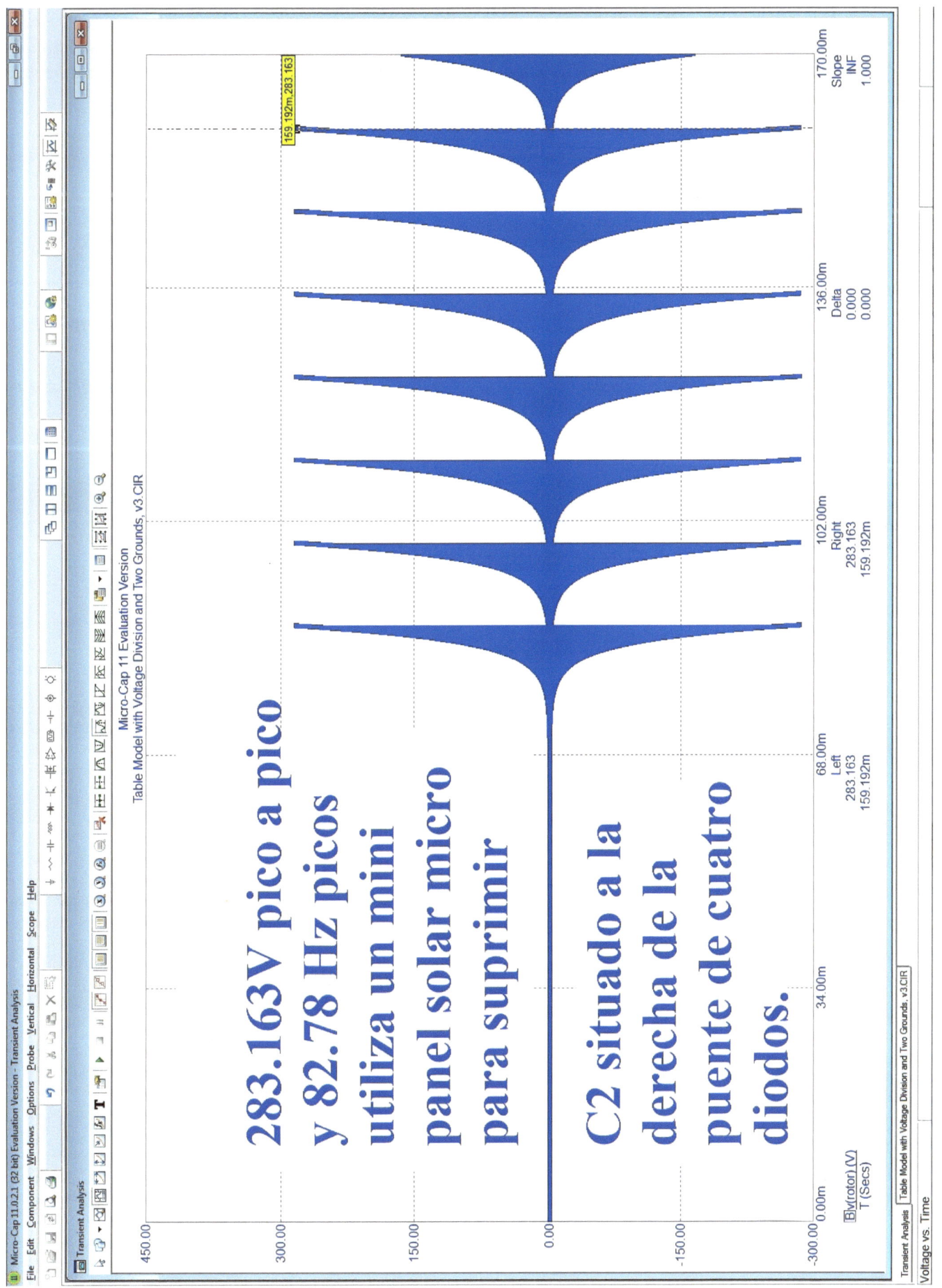

Ampliación de la Gama de Vehículos Eléctricos al Maximizar sus Horas-Amperio.

Necesitará tres baterías de 12V para hacer funcionar este circuito en un vehículo eléctrico: una batería impulsará el generador de ondas sinusoidales, la segunda batería regulará el voltaje en el condensador, C1, mientras que la tercera batería estará en proceso de recarga mientras el automóvil está en movimiento. Cada vez que se reinicia el automóvil, se deben rotar las baterías.

16. Descarga los Archivos de Simulación

http://vinyasi.info/energy/Archivos-de-Simulacion-de-Micro-Cap.zip

http://a.co/dyRPVpC – Teoría más profunda de la mecánica de la "energía libre" – Edición Kindle.

Traducciones en Inglés de Este Libro

Extending the Range of Electric Vehicles by Maximizing their Amp-Hours – Electrical transients are a renewable source of pollution-free energy, April 30, 2019 – versión Kindle.

Extending the Range of Electric Vehicles by Maximizing their Amp-Hours – Electrical transients are a renewable source of pollution-free energy, April 30, 2019 – libro de bolsillo, color.